门

王丹　钟诚

著

钟诚　王彤

摄

北京联合出版公司
Beijing United Publishing Co.,Ltd.

01

骑 兵 凯 旋 门

Arc de Triomphe du Carrousel

从某种意义上说，这座立在卢浮宫庭院里的凯旋门是一个"基座"，拿破仑以这个罗马风格的建筑展示其出征意大利的战利品——一组公元前300年制造的圣马可的马群雕像。1806年动工修建，仅用两年时间就建成了。但是古代艺术品在拿破仑战败后被迫归还，使复辟的波旁王朝不得不复制了一组新的青铜雕像来恢复小凯旋门的原貌。这时，"基座"的价值反而凸显出来。

　　拿破仑热衷建造凯旋门，他企求的胜利比他赢得的胜利要多得多。所以这座凯旋门既见证了拿破仑战绩的辉煌，也记录了拿破仑命运的坎坷。

Le monument inspiré des arcs de triomphe de l'empire romain, dessiné par Percier et Fontaine, illustre la campagne de 1805 et la capitulation d'Ulm en 1807.

Le quadrige qui surmonte l'arc est l'attelage de Saint Marc de Venise, ramené par l'armée française en 1798 après la campagne d'Italie. Il sera cerné de deux Victoires à partir de 1808.

La Restauration restituera le quadrige et une copie sera installée à la place du trophée original.

Témoin des victoires de Napoléon mais aussi de sa défaite, l'Arc de Triomphe du Carrousel résume le destin tragique de son commanditaire.

02

圣　德　尼　门

Porte St. Denis

1672 年建成的圣德尼门是出入巴黎的大门之一，通往同名的重要古道——圣德尼大街。圣德尼门拱高 23 米，由布隆岱尔建造，上饰寓意性人物浮雕，以纪念法国军队当年在佛兰德斯地区和莱茵河畔的胜利。

路易十四执政时期，在巴黎修建了一批罗马凯旋门式的城门建筑，来颂扬这位"太阳王"的丰功伟绩。同时代修建的另外三座城门，除圣马丁门外，圣昂德瓦尔门和圣贝尔纳门已经毁于战火，不复存在。

Vestige de l'ancien rempart parisien, elle fut érigée entre 1671 et 1673 et commandait une voie antique qui est aujourd'hui la rue de St. Denis. Son arc a 23 mètres de hauteur (ce fut le plus haut de Paris avant celui de l'Etoile). Les plans sont de Blondel, les sculptures des frères Anguier. En haut de la porte, des bas-reliefs célèbrent les victoires de Louis XIV en Flandres et sur le Rhin.

03

圣 马 丁 门

+

Porte St. Martin

04

Porte d'entrée et la Chapelle de la Sorbonne

索邦大学最显眼的入口是1635—1642年建成的索邦神学院教堂。高大的廊柱上镶嵌了漂亮的徽标。这座法国第一学府就是从神学院发端的。

Centre des études théologiques et siège de l'Université de Paris pendant tout l'Ancien Régime, la Sorbonne est une des plus anciennes universités européennes.

05

Portails de la Cathédrale Notre-Dame de Paris

巴 黎 圣 母 院 门

中国景德镇出产一种透光性极强的"玲珑瓷"，晶莹剔透。欧洲哥特式建筑同样有轻盈、剔透的特点，可以说是建筑里的"玲珑瓷"。巴黎圣母院作为哥特式建筑艺术的典范作品，动感更是它的灵魂，无怪雨果用"一部规模宏大的石头交响乐"来赞美它。巴黎圣母院的入口布满了雕刻。

L'extérieur de la Cathédrale de Notre-Dame de Paris offre un magnifique résumé de la science architecturale au 13e siècle.

«Vaste symphonie en pierre» sous la plume de Victor Hugo, ce chef-d'œuvre de l'architecture gothique révèle le poids de la croyance religieuse dans la vie quotidienne du peuple au Moyen Age.

06

陆 氏 画 廊 门

✤

Paris 8ᵉ: 48, rue de Courcelles

不是亲临其境，很难想象在风格完整统一的巴黎八区有这样一幢中国宝塔式建筑。位于古塞勒街 48 号（48 ,Rue de Courcelles）的亚洲艺术画廊在 F .Bloch 业主陆清柴的严格要求下于 1926—1928 年建成，红色的外墙和鲜明的中国建筑风格在八区的一片法式建筑中特立独行，十分抢眼。楼前的中式门坊正对街口，门额上书"欢迎"两个篆字。

✤

Une pagode rouge en plein cœur de Paris : c'est le siège de *C.T. LOO et Compagnie*, le plus ancien antiquaire chinois de Paris. Sa porte d'entrée est surmontée d'un panneau portant une inscription en calligraphie chinoise, souhaitant la bienvenue à tous ses visiteurs. Commandée par Ching Tsai LOO, fondateur de l'entreprise, cette célèbre pagode chinoise, située près du parc Monceau à l'angle de la rue de Courcelles et de la rue Rembrandt (actuellement place du Pérou), fut construite entre 1926 et 1928 avec la collaboration d'un architecte français, Fernand Bloch, sur l'emplacement d'un ancien hôtel particulier Louis-Philippe.

07

凡 尔 赛 宫 门

Entrée de la Cour du Château de Versailles

和巴黎的许多铁栅栏门相比，当整个太阳王的华丽宫殿作为背景的时候，广场上的这座铁栅栏门似乎并不是最显眼的，但它是凡尔赛宫的真正开端。

Derrière cette porte et ces grilles dorées, s'étendent le majestueux Château de Versailles et ses luxuriants jardins, construits et embellis en hommage à la gloire du Roi Soleil. C'est donc par là que la France, dotée désormais d'un pouvoir centralisé d'Etat, entra dans son histoire moderne.

08
Porte d'entrée du Panthéon

先 贤 祠 门

1757 年在一块老城区高地上动工修建的先贤祠，到 1789 年才正式竣工建成。这座和罗马的圣彼得大教堂、伦敦的圣保罗大教堂齐名的建筑，具有典型的法国古典主义建筑风格，是当时巴黎体量最庞大的建筑。从法国大革命开始，这里就用来安葬民族伟人。

先贤祠前面的台阶上是一个由 22 根粗大的圆柱组成的前部开放式门廊，门廊上面的人字形山墙上雕满了人物，令人自然而然地联想到古希腊雅典卫城帕特侬神庙。

Construite selon un vœu de Louis XV, cette ancienne église royale fut fermée au culte pendant la Révolution et transformée en «Panthéon», demeure de tous les dieux de l'Antiquité, pour recevoir «les cendres des grands hommes de l'époque de la liberté française». Depuis, cet édifice a connu un parcours très particulier: église sous l'Empire, nécropole sous Louis-Philippe, rendu au culte par Napoléon III, quartier général de la Commune, il devient temple laïque en 1885 pour recevoir les cendres de Victor Hugo.

Le péristyle se dresse au-dessus de 11 marches. Il est fait de 22 colonnes cannelées qui soutiennent un fronton triangulaire, le premier du genre à Paris. On y lit «Aux grands hommes, la patrie reconnaissante». Sur ce fronton, David d'Angers a représenté, en 1831, la Patrie distribuant aux grands hommes les couronnes que lui tend la Liberté.

09

雨 果 故 居 门

Porte de la
Maison de
Victor Hugo

从雨果故居凭窗望去的那一块方形绿地，因为有雨果的赞美，孚日广场被一些旅游书称为"世界上最美的广场"。

雨果 1832—1848 年间住在孚日广场犄角一座公馆的三楼，著名的《悲惨世界》就是在这里完成的。故居大门和孚日广场的数十个门洞的风格完全一样。

La place des Vosges est située au cœur du quartier très tendance qu'est le Marais. Beaucoup de Parisiens la considèrent comme une des plus belles places de Paris.

Entourée par les arcades, cette place bordée de lignes d'arbres est également une des plus vieilles et plus romantiques de Paris.

Victor Hugo y vécut de 1832 à 1848 et sa maison a été transformée en musée en 1903. On y découvre au fil de la visite les différentes étapes de la vie de l'écrivain, illustrées par des dessins, des bustes, des photographies, ainsi que des souvenirs de famille.

10

毕 加 索 美 术 馆 门

Porte
d'entrée
du Musée
Picasso
(Hôtel Salé)

在巴黎度过大半生的西班牙画家毕加索（1881—1973）的一部分遗作，被法国政府汇集到一起，并于1986年在"咸味"公馆设立毕加索美术馆。

该公馆在1656年时由盐税官所建，所以有"咸味"之称。不过很多人走进美术馆的大门也许只是为了闻一闻油画颜料的味道。

Construit entre 1656 et 1659 pour Pierre Aubert, seigneur de Fontenay, fermier de la gabelle, d'où le nom d'Hôtel Salé que lui a donné la malice parisienne, cet édifice abrite depuis 1986 le Musée Picasso.

Né à Malaga le 25 octobre 1881, Pablo Ruiz Picasso vint s'installer en France qu'il ne quittera plus sauf pour de brefs séjours à l'étranger jusqu'à sa mort en 1903.

Le Musée offre aujourd'hui au public la plus riche collection au monde de cet artiste.

11

中 国 城 牌 楼

Portique en pierre à l'entrée du Centre Chinagora

中国城位于巴黎东郊马恩河与塞纳河汇合的Alfortville城，于1992年建成并使用。这座具有中国皇家建筑风格的巨大建筑内融酒店、餐厅和商场为一体，是感受包括中餐在内的中国风情最集中的地方。

"中国城"三个字就镌刻在这座石牌坊上，它成为中国城的标志。

Construit en 1992 à Alfortville dans la proche banlieue parisienne, le Centre Chinagora se dresse au confluent de la Seine et de la Marne. Ce complexe commercial, culturel et touristique, aux toitures retroussées couvertes de tuiles vernissées jaunes et vertes, comprend un hôtel, un restaurant et une galerie marchande. Sur le portique en pierre dressé à l'entrée du centre, on lit une inscription qui signifie «Chinatown» en chinois.

12

圣 心 教 堂 门

✚

Portails de la Basilique du Sacré-Cœur

1876 年，两位杰出的巴黎人决定在蒙马特高地顶部修建一座大教堂，工程于 1923 年完工。这座纪念性的建筑物完全采用巴黎少见的白色石灰石，成为巴黎最受旅游者欢迎的地方之一。

La basilique du Sacré-Cœur, dont
  la haute silhouette blanche fait
  aujourd'hui partie du paysage
  parisien, fut élevée selon le vœu
  des croyants catholiques, en signe
  de confiance dans la destinée de
  l'Eglise et de la France après le
  désastre de 1870.
Commencée en 1876, elle ne fut
  achevée qu'en 1914 et consacrée
  en 1919. Depuis plus d'un siècle,
  les fidèles y assurent, jour et nuit,
  le relais ininterrompu de l'Adora-
  tion perpétuelle.

13

Entrée des Thermes de Cluny

克 吕 尼 宅 邸 门

1480 年在罗马浴池遗址上修建的克吕尼修道院院长的府邸是巴黎公馆建筑格局的雏形。如今这里是一座博物馆，除了是世界上最好的中世纪艺术收藏地之一以外，进入克吕尼宅邸门还可以一睹高卢—罗马时期的大浴室遗迹。

L'ancien hôtel des abbés de Cluny, les ruines des Thermes, les magnifiques collections du musée forment un ensemble de grand intérêt.

Au début du 3e siècle, s'élevait ici un vaste établissement gallo-romain de bains publics, dont les ruines actuelles ne représentent environ que le tiers. Il fut saccagé et incendié par les Barbares à la fin du 3e siècle.

14

Entrée de l'Hôtel Ritz Paris

利 兹 饭 店 门

尽管建于 17 世纪末的旺多姆广场早就成为银行家豪宅、豪华大饭店、珠宝店的集中地，但巴黎导游还是不厌其烦地告诉游客，这里原本规划是为了建设学院、协会、图书馆的。

20 世纪初，利兹先生在旺多姆广场 15 号建了以他自己名字命名的饭店，因不断有富豪和名人入住而闻名。不过，仅从外表看，除了白色遮阳伞，饭店大门没有特别突出的装饰。

De la rencontre entre un homme, César Ritz, et Place de Vendôme, une des plus belles places parisiennes, naît en 1898, un palace unique au monde: Hôtel Ritz Paris.

Depuis plus d'un siècle, l'établissement a su conquérir le cœur de nombreuses célébrités du monde entier. Passer la porte-tambour du Ritz Paris, c'est d'entrer dans une légende riche de rencontres et d'émotions.

15

Entrée du Grand Magasin Printemps

巴 黎 春 天 百 货 公 司 门

✦

1865 年的春天百货大楼于
1881 年重建，火灾后又于 1921 年
再重建。

这座巴黎著名的大商场有一个
相当气派的大门，但是无处不在的
广告却并不理会这些。

✚

Fondé en 1865 et restauré en 1921
après l'incendie, le Grand Magasin Printemps est un lieu culte des
touristes venant du monde entier.

16

Café de la Paix

和 平 咖 啡 馆 门

巴黎有很多利用名人效应的咖啡店。紧挨歌剧院的和平咖啡馆因为位置得天独厚而吸引了像莫泊桑和左拉这样的大名人，这也成了匆匆而过的游客甘愿花双倍的价格，坐下来眺望巴黎风情和喝一小杯咖啡的缘故。

Son emplacement privilégié de voisinage avec l'Opéra Garnier lui valut des clients fidèles comme Emile Zola et Guy de Maupassant. Le café attire aujourd'hui nombreux touristes, qui cherchent à partager le même havre de détente avec les génies littéraires du passé.

✤

17

29, avenue Rapp – Architecte: Jules-Aimé Lavirotte

拉 普 大 道 29 号 门

这栋陶艺家的住宅是典型的新艺术风格，由很难归类、常受到指责的拉维洛特设计，这件作品也使他赢得了1901年巴黎建筑门面设计大奖。他以陶和砖为材料，运用动物、花卉和女人体形象在墙面上营造出在当时相当具有颠覆性的色情气氛。

Le plus délirant et le plus singulier de tous les architectes 1901, Jules-Aimé Lavirotte peuple ses immeubles d'un symbolisme sexuel exubérant et pas toujours du meilleur goût. Il fut le premier à habiller les façades de la tête au pied avec d'immenses panneaux de grès: en témoigne ainsi son immeuble de l'avenue Rapp. Il remporta ainsi à lui seul 3 concours de façades de la Ville de Paris.

Les principaux édifices de sa période «Art Nouveau» se trouvent tous dans le même quartier, ce qui permet de voir facilement dans quelle mesure son style a évolué.

18

Porte d'entrée de l'ancienne Bibliothèque Nationale

旧 国 家 图 书 馆 门

17—19 世纪逐渐完善的法国国家图书馆是在 1854 年实现现代化的。后又搬进了豪华新楼。但是，用知识点燃每一个人的理念却一直是这座古典大门引人注目的真谛。

Confrontée aux difficultés inévitables nées de la croissance de la production imprimée et de la demande culturelle, la Bibliothèque Nationale a transféré l'essentiel de ses collections sur le site de la nouvelle Bibliothèque Nationale de François Mitterrand.

Le site Richelieu, qui abritait l'ancienne Bibliothèque Nationale reste pourtant toujours ouvert au public. Avec ses départements des Manuscrits, des Estampes et de la photographie, des cartes et plans, des monnaies, médailles et antiques, de la musique, le site Richelieu continue à jouer un rôle actif dans le domaine d'études et de recherches.

19

Grand Arche de la Défense

新　凯　旋　门

1989 年建成的"大凯旋门"高达 110 米，其建筑理念是"法兰西面向未来的窗口"，其巨大的门洞据说可以容下整个巴黎圣母院。这个举世闻名的功能服从于形式的代表作是法国人求新图变的宣言书。

Lieu de toutes les audaces architecturales et technologiques, La Défense est le plus grand quartier d'affaires européen. La Grande Arche, implantée dans l'alignement de l'avenue des Champs-Elysées, est un écho contemporain à l'Arc de Triomphe. Construit en 1989 à l'occasion du bicentenaire de la Révolution française, cet immense cube évidé haut de 110 m, revêtu de verre et de marbre blanc, offre une vue unique sur Paris.

20

加 尼 埃 巴 黎 歌 剧 院

Opéra Garnier

1862 年开始施工的巴黎歌剧院为了拿破仑三世的安全而布满了机关。它在 1875 年落成时是一个公认的混合了各种风格的建筑，有人甚至称它是"世界文明的教堂"。1985 年更名为舞蹈宫。

歌剧院华丽门廊上镶嵌着金色的雕像和不厌其精的装饰，这些都在描画一个因工业飞速发展而骄傲的国家形象。

Garnier a rêvé de créer un «style Napoléon III» s'opposant aux pastiches d'œuvres anciennes pratiqués à l'époque. Mais son monument n'a pas fait d'école. L'édifice n'en constitue pas moins la plus belle réussite monumentale du Second Empire.
La façade principale de l'Opéra, richement décorée et ornée de statues dorées, illustre l'image d'un Empire fier de son développement et de son expansion.

21

Paris 14e : 31, rue Campagne Première - Alexandre Bigot

艺 术 车 间 门

蒙帕纳斯地区的"第一乡街"曾经是许多著名艺术家的潜邸，毕加索、米罗、康定斯基等都曾经在这条街上出没。31号原本就是艺术家聚集的建筑，其大门因陶艺家毕戈装饰以巴黎非常少有的瓷片而更加出名。

Immeuble de 20 ateliers avec des logements en duplex, construit en béton armé par l'architecte André Arfvidson en 1911. La façade sur la rue Campagne Première est primée au concours des façades de la Ville de Paris en 1911, elle est revêtue d'un carrelage en grès flammé réalisé par le céramiste Alexandre Bigot.

22
La porte d'entrée d'un vieux bâtiment parisien

公　　　馆　　　门

图书再版编目（CIP）数据

门 / 王丹，钟诚著；钟诚，王彤摄 .-- 北京：北京联合出版公司，2022.7
ISBN 978-7-5596-6193-7

Ⅰ.①门… Ⅱ.①王… ②钟… ③王… Ⅲ.①古建筑－门－建筑艺术－中国－
图集②古建筑－门－建筑艺术－法国－图集Ⅳ.① TU-883

中国版本图书馆 CIP 数据核字 (2022) 第 077057 号

门

出 品 人　赵红仕

责任编辑　章懿

装帧设计　XXL Studio 刘晓翔+张宇

出版/发行　北京联合出版有限责任公司/北京联合天畅文化传播有限公司

社　　址　北京市西城区德外大街83号楼9层

邮　　编　100088

电　　话　（010）64256863

印　　刷　北京富诚彩色印刷有限公司

开　　本　787mm×1092mm　1/32

字　　数　100千字

印　　张　6

版　　次　2022年7月第1版

印　　次　2022年7月第1次印刷

ISBN　　978-7-5596-6193-7

定　　价　128.00元

文献分社出品

门

王丹　钟诚

著

钟诚　王彤

摄

北京联合出版公司

Beijing United Publishing Co.,Ltd.

01

Wu Men, «Porte du Méridien»

午 门

Porte d'entrée de la Cité Interdite, Wu Men, ou «Porte du Méridien», est la plus imposante du Palais Impérial. Son corridor central est strictement réservé aux empereurs, et le privilège d'emprunter ce passage ne peut être accordé, une seule fois, qu'à une impératrice nouvelle mariée, lors de la cérémonie de son mariage avec l'empereur, ou aux 3 premiers lauréats des Concours Impériaux. Par ce dernier acte, l'empereur montre son attachement aux principes de Confucius et sa bienveillance envers la classe d'élites des lettrés.

La place qu'entourent les deux bras de murailles de la «Porte du Méridien» constitue un théâtre de démonstration du pouvoir suprême des «Fils du Ciel»: Au jour du solstice d'hiver, l'empereur y proclame le calendrier pour la nouvelle année à venir; dans la soirée de la Fête des Lanternes, c'est-à-dire le 15e jour du premier mois lunaire, il y offre un grand festin aux dignitaires du pays et partage ainsi «la joie de son peuple»; enfin, au retour triomphal de ses troupes, il y préside les cérémonies militaires.

Aujourd'hui, à la place de l'empereur, les Chinois se font le plaisir d'accueillir sur ce terrain des artistes d'horizon culturel différent, comme Jean-Michel JARRE. La pièce d'opéra «Turandot», chef-d'œuvre de Puccini, y a été également interprétée avec grand succès.

建成于 1420 年的午门是中国皇帝的"家门"，因此这个门在皇家的总设计师蒯祥的规划中被建得绝无仅有：三面高墙环抱出的一个门前广场成为帝王向民间展示皇权的表演场。

午门总是和一系列特权制度联系在一起：午门的正门只有皇帝本人才能通行，新婚的皇后只有由此门进入一次的特权。为了凸显皇家重视人才，全国招募人才考试的前三名，特许从此门进出一次。午门还在起码三个日子里扮演皇帝施政舞台的角色：一个日子在每年冬至，皇帝亲临午门向全国颁发对农耕起决定意义的历书。一个日子是每年正月十五，午门悬灯赐宴，皇帝亲临观灯时与大臣们赋诗，做君臣同乐状。再有就是战争胜利军队凯旋的时候，在午门前举行凯旋仪式。

表演场的角色也在今天被继承下来了，不过主角已不可能是皇帝。图兰多、雅尔等来自西方世界的艺术作品和艺术家都喜爱中国的这个古老而华丽的舞台，而中国人也乐得给这个表演场注入新的活力。

02

Zheng Yang Men, «Porte Face au Midi»

正 阳 门 （ 前 门 ）

正阳门是北京所有城门中最为高大、保存最完好的古代城门。已有 500 余年历史的正阳门，民间称谓叫"前门"，意思是北京城的正门。它由一组建筑组成，包括一座城门、城门前的箭楼和连接这两座高大建筑的圆形城墙（瓮城）。北京城几乎所有的大型城门都是这座门的翻版。

1900 年正阳门被攻进北京的西方联军所毁，1906 年参照当时尚存的崇文门、宣武门（此二门已经在 40 年前拆除）的样式重新修建。1915 年正阳门瓮城拆除时，一位德国建筑师为箭楼平台上增修了栏杆和挑台，箭窗上还加上了白色弧形华盖，使这座中国古代建筑融入了欧洲的建筑风格。

关于这组城门建筑，许多人会有这样两个记忆：前面那座箭楼直接成了一个香烟的商标，而后面那座城门则在 2004 年 10 月的一个晚上，用灯光染成了红白蓝三色，以迎接法国总统希拉克访华。

Son nom populaire de Qian Men, «Porte Antérieur» ou «Porte du Devant», signifie qu'elle était la porte du sud de l'ancienne ville intérieure de Pékin, appelée autrefois par erreur «ville tartare», du fait que cette partie de la capitale chinoise était réservée à la noblesse et aux dignitaires manchous et mongols sous la dernière dynastie.

Erigée il y a plus de 500 ans, elle est aujourd'hui la seule porte de Pékin intégralement conservée. Cet imposant ouvrage constituait dans le passé un double système de protection: la porte aménagée dans le rempart et surmontée d'un pavillon, était reliée par deux bras de murailles à un avant-corps défensif, la Tour d'Archers, formant ainsi un piège tendu aux assaillants qui auraient percé la première ligne de défense. Ce modèle fut suivi pour la construction de toutes les portes de l'ancienne capitale impériale.

Détruite en 1900 par les troupes alliées des huit puissances occidentales lors de la Révolte des Boxeurs, elle sera restaurée en 1906 avec la participation d'un architecte allemand, qui rajoutera des éléments décoratifs de style européen à sa terrasse et par-dessus ses meurtrières.

Dans les souvenirs des Chinois, deux images restent associées à cette ancienne porte de la capitale: D'abord une vieille marque de cigarette bon marché que l'on trouvait partout dans le pays, avec sur son paquet, l'image de la Tour d'Archer, et ensuite, cette inoubliable soirée d'octobre 2004, où cet imposant ensemble architectural a été entièrement illuminé par des lumières tricolores pour rendre hommage à la visite officielle du Président Jacques Chirac en Chine.

德　　胜　　门

De Sheng Men, «Porte de la Victoire Vertueuse»

北 京 大 学 西 门

Porte d'entrée de l'Université de Pékin

中国的大学都有围墙和大门，"走进大学校门"成为描述上进青年必经之路的成语。北京大学拥有一个全国罕见的中式古典大门，因此成为北京大学的象征。

　　北京大学是中国第一所现代大学，成立于1898年，1916实行"兼容并包"的方针后，成为当时中国名流学者最集中、思想最活跃的高等学府。没有北京大学的中国是难以想象的。

Fondée en 1898, l'Université de Pékin est le premier établissement d'enseignement supérieur moderne du pays.

Berceau de nombreuses élites qui ont marqué l'histoire contemporaine de la Chine, l'Université de Pékin prône depuis plus d'un siècle l'idée de la science et de la démocratie.

La beauté de son campus, caché derrière cette porte d'entrée de style traditionnel, est également de renommée nationale: il comprend en effet une partie des jardins de l'ancien Palais d'Eté impérial, incendié et pillé en 1860 par les troupes alliées anglo-françaises.

潭　柘　寺　山　门

Porte d'entrée du Temple bouddhiste Tan Zhe Si

潭柘寺是北京郊区最大的一处寺庙古建筑群。民间流传"先有潭柘寺，后有北京城"的说法，说明这座古寺早于北京建成。由于潭柘寺独特的地位，清朝皇帝拨专款维修，因此得以有一座辉煌的牌坊。

中国从来没有神权超越皇权的历史，因此宗教建筑都不高大雄伟，位置也远离闹市。中国寺庙的格局往往模仿富人的庄园而建，神祉的塑像就是住在上房的主人。鉴于上神住"民房"，寺庙山门的造型和体量一般都极为克制。

Construit dans les montagnes à l'ouest de Pékin, le Temple Tan Zhe Si est le plus ancien et le plus vaste temple bouddhiste de la capitale. De par son importance historique, sous la dynastie manchoue, le temple bénéficiait déjà d'un budget spécial accordé par l'empereur et consacré à son entretien et à sa restauration. Généralement de style sobre et souvent implantés dans des endroits éloignés des grandes métropoles, le choix de l'emplacement des temples en Chine respecte une tradition qui a marqué toute l'histoire de l'Empire du Milieu: celle-ci consiste en une confirmation permanente de la suprématie du pouvoir impérial (profane) sur le pouvoir religieux (sacré).

Porte de style européen du Jardin de la Résidence duw Prince Gong

恭 王 府 花 园 门

恭王府在什刹海的西边，是清代规模最大的一座王府，也是目前现存王府中规模最大、保护最好的一座。充满中国园林情趣的恭王府花园的主要入口竟是一座西式门，这在当时的北京是极为罕见的。

同欧洲的"中国热"几乎同时，西洋钟表和喷泉让中国贵族痴迷不已，因而引进和模仿之风从皇帝一直影响到王公大臣。恭王是咸丰皇帝的弟弟，在皇帝死后辅佐幼皇，时值第二次鸦片战争（1860年）之后，可谓权倾一时。这座建在王府后花园的西洋门，反映了当时中国上流社会对西方文化的爱好。

En 1860, à l'avancée des troupes coalisées anglo-françaises, l'empereur Xianfeng s'enfuit dans son palais d'été à Chengde, laissant son frère Yixin, le Prince Gong, négocier et signer le traité de Pékin avec l'Angleterre et la France. Après la mort de l'empereur en 1861, le Prince Gong s'allia avec sa belle sœur, la future Impératrice Douairière Cixi, et il devint ainsi le Régent de l'empire.

Pionnier d'un mouvement réformateur dont l'objectif consistait à introduire la technologie occidentale pour moderniser l'empire affaibli, le Prince Gong était également, comme beaucoup d'autres dignitaires de l'époque, un amateur d'horloges et de pendules occidentales.

A travers cette porte de style européen dressée à l'entrée du magnifique jardin de sa résidence, on peut aussi entrevoir le goût prononcé de cet homme d'Etat pour l'art décoratif occidental.

07

颐 和 园 东 门 牌 楼

Porte d'entrée principale du Palais d'Eté (Yi He Yuan)

颐和园是北京西北郊著名的皇家园林，由万寿山和昆明湖构成的湖光山色，早在元明时期就成为"壮观神州第一"的游览胜地。元朝皇帝曾经常到此泛舟垂钓。清朝晚期为实际掌握最高权力的慈禧太后日常居住和处理政务的地方。

颐和园的正门为东宫门，它是三明两暗的庑殿式建筑，中间正门供帝、后出入，称为"御路"，两边门洞供王公大臣出入，太监、兵卒从南门北两侧边门出入。匾额"颐和园"三字为光绪皇帝御题。东门外建有一座牌坊，是颐和园第一门。

A 16 km au nord-ouest de la Cité Interdite, un lac couvert de fleurs de lotus en été et des collines verdoyantes parsemées de pavillons et de pagodes, forment le décor du Palais d'Eté (Yi He Yuan), bâti avec le budget de la Marine pour célébrer le 60e anniversaire de l'Impératrice Douairière Cixi, qui en fit sa résidence permanente.

La porte de l'est constitue l'entrée principale du Palais d'Eté: la travée centrale était réservée à l'Impératrice Douairière et à l'empereur, alors que les ministres et les princes devaient emprunter les deux travées latérales.

La porte est surmontée d'un panneau portant une inscription manuscrite de l'empereur Guangxu: les 3 caractères forment l'appellation du Palais d'Eté (Yi He Yuan) en calligraphie chinoise.

08

十 三 陵 石 牌 楼

Portique en pierre des Tombeaux Impériaux des Ming

中国人把风水看得非常重要，有所谓"阴宅养三代"之说。历代皇帝为了能将自己的皇位"世代相传"，便疯狂地为自己建造不亚于北京城皇宫水平的庞大"地下宫殿"。

在距今 500—300 多年前，明朝皇帝在北京城北约百里的山脚下为自己选了一片巨大的陵区。明十三陵石牌坊就是这陵区的陵门，这是一座 6 柱 5 间 11 楼的彩绘巨石牌楼，是北京最大的石牌坊，其巨大的汉白玉石构件和精美的石雕工艺堪称一绝。目前，这座超级牌楼由于年代久远，其彩绘已经大部分剥落，只有浮雕深处还能略见彩绘的痕迹。

Portique en pierre, à 5 travées et 7 toitures, à l'entrée de l'immense nécropole impériale Shi San Ling, ou «Treize Tombeaux des Ming», située à 45 Km au nord de Pékin, non loin de la Grande Muraille.

Construit il y a plus de 500 ans, le site couvre une quarantaine de km² et les 13 tombeaux comprennent chacun trois parties: des édifices mortuaires où l'on offrait des sacrifices, la tour de la stèle, et le tumulus recouvrant le caveau souterrain où était déposé le corps de l'empereur. Les dimensions des 13 sépultures varient selon qu'elles furent construites avant ou après la mort de l'empereur y reposant. Le corps une fois inhumé, le conduit d'accès du caveau était condamné à jamais.

Dès la haute antiquité, les souverains de Chine avaient la coutume de faire construire à proximité de leur capitale, et généralement de leur vivant, d'imposants mausolées ou ils seraient inhumés après leur mort. Le site était choisi avec grand soin, en tenant compte de la théorie de «Feng Shui» (*«théorie du vent et de l'eau»*), afin de non seulement garantir la sérénité de la vie de l'empereur défunt dans l'au-delà, mais aussi assurer la prospérité des règnes de ses successeurs.

09

Porte d'entrée de la Maison de Lu Xun

鲁 迅 故 居 门

鲁迅（1881—1936）是中国现代著名的文学家，因为深刻地批判中国人人性中的弱点，促使知识分子反思，而成为中国批判现实文学的一代巨匠，一度被认为是民族精神的象征。

　　鲁迅故居是一所北京非常普通的小四合院，是鲁迅 1924—1926 年居住的地方。在这里，鲁迅完成了他一生中许多重要的作品。故居于 1956 年建成博物馆开放。

Grand écrivain, penseur et considéré comme un des fonda-
teurs de la littérature moderne chinoise, Lu Xun est né
sous le patronyme de Zhou Shuren, le 25 décembre 1881 à
Shaoxing, dans une famille de lettrés.

Convaincu que la littérature pouvait réveiller la conscience
d'une nation, Lu Xun se servait de sa plume pour lancer
de véritables attaques contre les vieux dogmes rituels et
l'ancien régime.

En mai 1924, Lu Xun déménagea à Pékin et s'installa dans
une résidence traditionnelle à cour carrée où toutes les
maisons ont été construites d'après le plan dessiné par Lu
Xun lui–même. L'écrivain y vécut jusqu'en août 1926. C'est
là qu'il produisit plus de 200 travaux littéraires.

Lu Xun est décédé à Shanghai le 19 octobre 1936. Le 20e anniversaire de sa mort, son ancienne résidence à Pékin a été
transformée en Musée, le premier musée dédié à un indivi-
du depuis la fondation de la République Populaire.

10

齐 白 石 故 居 门

Porte d'entrée de la Maison de Qi Baishi

齐白石（1864—1957）故居门楼的清水脊缺了一个角，红黑相间的木门楼的两边门墩见证着过去的历史，门牌上还写着跨车胡同 15 号。齐白石 1926 年购置了这套宅院，在这里生活居住了 30 余年，并在这里接待不少国内外知名人士和艺术家。

齐白石是中国现代著名的中国画大师。存世的作品据说达到上万件，其代表作品在近年的拍卖会上屡创新高，成为中国收藏家十分珍爱的艺术品。齐白石故居现在居住着他的后代。如今成为文物的齐白石故居四周的旧房已拆除，小院成为现代高楼群和柏油马路中一个令人怀旧的点缀。

Grand peintre chinois de l'époque contemporaine, l'artiste a résumé à lui seul les théories de la peinture chinoise, partant du principe que les meilleures représentations d'animaux doivent se situer entre le réel et l'irréel : trop de réalisme tue l'imagination tandis que trop d'imaginaire tue la vraisemblance. Sa théorie a considérablement influencé les peintres chinois et donné une nouvelle vitalité à la peinture chinoise au 20e siècle.

L'ancienne résidence de Qi Baishi se trouve au N° 15 de la ruelle Kuache qui débouche sur la rue Picai dans l'arrondissement Xicheng de Pékin. Faisant face à l'Est, il s'agit d'une résidence traditionnelle chinoise à cour carrée composée de trois maisons sans étage et d'un mur aux esprits dressé à l'entrée de la cour. Celle-ci abrite 15 pièces dont trois d'entre elles donnent sur le Sud. La chambre de Qi Baishi se trouve à l'extrémité Est et comprend un petit salon au centre ainsi qu'un studio à l'Ouest, au-dessus duquel figure une plaque gravée par l'artiste lui-même.

Nombreux étaient les artistes et lettrés qui rendaient visite à Qi Baishi et la petite cour se remplissait autrefois du parfum du papier, de l'encre noire et du thé au jasmin. Pour atteindre le réalisme souhaité dans ses peintures, l'artiste cultivait un petit jardin et élevait des poissons, des crevettes, des oiseaux, des poules et des chats qu'il pouvait ainsi observer à loisir.

Qi Baishi est décédé à l'âge de 94 ans, le 16 septembre 1957. Ses descendants vivent aujourd'hui encore dans la résidence.

11

Entrée du restaurant Maxim's à Pékin

北 京 马 克 西 姆 餐 厅

1983 年，北京马克西姆餐厅在崇文门路口西南角正式开业时，距巴黎第一家同名餐厅的创立整整过去了 90 年。它保持了法国传统大菜的制作方法，并将这一法国国粹带到了中国。

餐厅的入口像巴黎的许多普通餐厅一样。

90 ans après l'ouverture d'un premier restaurant Maxim's à Paris, cette prestigieuse maison de la haute gastronomie française a ouvert sa filiale dans le vieux quartier à Pékin en 1983. Coin de rencontre idéal pour retrouver un peu de Paris dans la capitale chinoise.

12

Portique du Temple des Lamas (Yong He Gong)

✚

雍　和　宫　牌　楼

雍和宫是北京城内最著名的喇嘛寺庙，因由一座王府改建而成，因此民间只称宫不称庙。雍和宫建筑布局严整，如同皇宫一般雄伟壮观，并兼具汉、满、蒙、藏等多民族的艺术风格。

雍和宫是北京城内香火最旺的庙宇。每逢正月初一，上香的人摩肩接踵，盛况空前。

Ancienne résidence princière, le Palais de l'Harmonie éternelle accueillit en 1732 le temple de la religion qui avait la faveur des empereurs mandchous: le lamaïsme tibétain, d'où son nom populaire de «Temple des Lamas».

Du 17e au 19e siècle, le monastère hébergeait des centaines de maîtres lamaïstes tibétains, mongols et mandchous: plusieurs Dalaï-Lamas en firent leur résidence temporaire pendant leur séjour à la Cour impériale à Pékin.

Aujourd'hui, le temple continue à recevoir des croyants et pèlerins venus des quatre coins du monde.

13

圆 明 园 西 洋 楼 残 门

Vestige du Pavillon Européen sur la ruine de Yuan Ming Yuan, (Ancien Palais d'Eté)

圆明园曾经被西方誉为"万园之园"，与凡尔赛宫齐名。圆明园内建有一组堪称创举的欧洲式宫苑，是乾隆皇帝聘请意大利人、法国人设计，由中国工匠历时 14 年施工营建而成的，俗称"西洋楼"。1860 年英法联军侵入北京后将这座皇家御苑劫掠一空，并付之一炬。"西洋楼"现仅存部分石雕残迹，这个支离破碎的西洋式石门已经成为圆明园的象征。

Jardin privé d'empereurs manchous, Yuan Ming Yuan,
　　Ancien Palais d'Eté, construit au début du 18e siècle et
　　considéré alors comme «Versailles de l'Extrême-Orient»,
　　fut détruit en 1860 par les forces alliées anglo-françaises.
Seule une partie de son jardin européen, conçu à l'aide des
　　missionnaires français et italiens, survécut à l'incendie et
　　au pillage.

14

Portique de l'Hôtel Wang Fu , («The Peninsula + Palace - Beijing»)

王　府　饭　店　门

1989 年开业的王府饭店有着气派非凡、风格传统的中国式建筑外观，与豪华现代的酒店设施相得益彰。

Ouvert en 1989, «The Peninsula Palace - Beijing» est un grand hôtel de luxe qui combine le style architectural traditionnel avec le confort moderne. Son nom en chinois, Wang Fu, signifie «Résidence princière».

北 京 百 货 大 楼 门

Entrée du Grand Magasin «Wangfujing Department Store»

1955 年开业的北京王府井百货大楼，营业面积 1 万多平方米，是当时中国最大的百货商店，曾经一度全国闻名。

商场门上的几个大字几乎和门一样高，门前还竖了一尊铜像，是纪念一位曾经在商场工作的著名售货员。

Ouvert en 1955, le Grand Magasin «Wangfujing Department Store», avec une surface dépassant 10 000 m², était le plus grand centre commercial en Chine à l'époque de l'économie planifiée.

Un buste en bronze, dédié à un célèbre vendeur plusieurs fois décoré de la Médaille du Travail, est dressé devant l'entrée du bâtiment.

Entrée de la Maison de Thé de Lao She

老　舍　茶　馆　门

"老舍茶馆"是一家以中国现代著名作家老舍(1899—1966) 命名的茶馆，始建于 1988 年。在老舍茶馆除了可品尝到各类名茶、宫廷细点外，还可以欣赏有北京地方特色的文艺演出，是一座北京的民俗博物馆。这座茶馆着意渲染一种浓厚的北京传统文化气氛。来北京旅游的往往是通过这道门进入"北京沙龙"的。

Ouverte depuis 1988, cette maison de thé porte le nom du célèbre écrivain pékinois Lao She. Véritable musée folklorique vivant, on y découvre une atmosphère de la vieille époque, avec la possibilité de déguster sur place des délices locales et même d'admirer quelques pièces de l'Opéra de Pékin.

17

垂　花　门

Chui Hua Men, «porte aux fleurs suspendues»

垂花门是内宅的宅门，它将四合院分为里外两个部分。垂花门有一对不落地的檐柱，垂吊在檐下像悬垂的花坊，所以叫垂花门。门有两层，有遮挡视线的作用，只有重要客人来访时，门才完全打开。

Dans l'ancienne demeure chinoise à cour carrée, on construit au-dessus de la porte de la deuxième cour un toit semblable à celui des habitations: les coins de ce toit se terminent par une courte colonne pendante, à l'extrémité de laquelle sont sculptées des fleurs peintes aux couleurs vives. Une telle porte est appelée Chui Hua Men, ou «porte aux fleurs suspendues».

La porte est double et constitue l'entrée à la cour intérieure réservée aux activités privées de la vie familiale. Elle ne s'ouvre qu'à la visite des amis proches ou des hôtes distingués.

Porte d'entrée de l'ancienne Bibliothèque de Pékin

中国国家图书馆古籍馆门

1929 年建立的北京图书馆老馆源于 1909 年清王朝的京师图书馆。1931 年正式开放。

图书馆建筑是 20 世纪初期中国复古主义建筑的代表作，这座新建的大门让很多人以为是明清时期的建筑。影响中国现当代的几乎所有知识分子经常出入于此。

Fondée en 1909 et fréquentée par les grands intellectuels du pays, la Bibliothèque de la Capitale, appelée depuis 1929 «Bibliothèque de Pékin», est riche de plus de sept millions d'ouvrages, dont les manuscrits découverts dans les grottes de Dunhuang, quelques collections impériales et une partie du fonds de l'ancienne bibliothèque des missionnaires jésuites.

Restaurée et ouverte au public en 1931, le style de sa porte d'entrée nouvellement construite rappelle pourtant le style traditionnel de l'époque impériale.

19

永　　　　定　　　　门

Yong Ding Men, «Porte de la Stabilité Eternelle»

1553 年建成的永定门是北京城最南端的城门，1766 年时曾重建，而 1957 年则被完全拆除，到了 2004 年又依照原样复建。虽然北京众多古城门被拆除的命运已经难以逆转，但这座通高 26 米的复古建筑，却成了一桩关于北京城门存废争论的一个迟到的答案。

Construite en 1553 et restaurée en 1766, Yong Ding Men, ou «Porte de la Stabilité Eternelle», constituait une entrée à l'extrême sud de la capitale impériale.

Démolie en 1957, elle a été de nouveau entièrement reconstruite en 2004. On se pose dès lors la question sur le destin des autres portes de l'ancienne enceinte, qui avait été sacrifiées, elles aussi, à l'expansion urbaine et à la «modernisation» de la capitale.

20

Entrée du Nouveau Théâtre de l'Opéra Chang An

长 安 大 戏 院

这座在 20 世纪 90 年代落成的新长安大戏院，是替代原来的戏院而异地建设的。大面积的玻璃幕墙代表着"现代化"，而用传统建筑符号表现的大门则是对"传统"的交代，这两者直白地摆在一起，是一个国家向现代化快速行进中的一张文化"快照"。

Construit dans les années 1990,
　　le Nouveau Théâtre de l'Opéra
　　Chang An, avec ses façades revê-
　　tues de verre et sa porte d'entrée
　　de style ancien, offre un contraste
　　entre la tradition et la modernité,
　　contraste qui résume la mutation
　　culturelle que connaît la Chine
　　d'aujourd'hui.

21

荣　　宝　　斋　　门

Porte d'entrée de la Galerie d'Art et d'Antiquité de Rong Bao Zhai, «Studio des trésors glorieux»

一家清朝卖纸的商店在 1894 年确立"荣宝斋"的字号，以木刻水印画闻名于世，成为经营中国传统美术作品的名店。此门是该店 1990 年在原址扩建后的样子，是仿古的现代建筑作品。

Rong Bao Zhai, ou «Studio des trésors glorieux», est l'établissement qui reproduit depuis les dynasties Ming et Qing des peintures célèbres en gravure sur bois tirées en couleurs à l'eau. Il est aujourd'hui une grande galerie d'art et d'antiquité de renommée nationale. Restaurée et élargie en 1990, la galerie a conservé son style architectural traditionnel.

四 合 院 门

La porte d'entrée d'une maison traditionnelle à cour carrée à Pékin

这两个门洞是巴黎和北京两座城市中寻常普通之门，它们是谁家的门并不重要，重要的是它们分别属于两座古老的城市，分别是各自城市中千千万万门户的代表。

Portes ordinaires et anonymes, elles ont en commun leur appartenance à l'histoire d'une vieille capitale.

+	01 骑兵凯旋门	Arc de Triomphe du Carrousel
+	02 圣德尼门	Porte St. Denis
+	03 圣马丁门	Porte St. Martin
+	04 索邦大学门	Porte d'entrée et la Chapelle de la Sorbonne
+	05 巴黎圣母院门	Portails de la Cathédrale Notre-Dame de Paris
+	06 陆氏画廊门	Paris 8e:48, rue de Courcelles
+	07 凡尔赛宫门	Entrée de la Cour du Château de Versailles
+	08 先贤祠门	Porte d'entrée du Panthéon
+	09 雨果故居门	Porte de la Maison de Victor Hugo
+	10 毕加索美术馆门	Porte d'entrée du Musée Picasso (Hôtel Salé)
+	11 中国城牌楼	Portique en pierre à l'entrée du Centre Chinagora
+	12 圣心教堂门	Portails de la Basilique du Sacré-Cœur
+	13 克吕尼宅邸门	Entrée des Thermes de Cluny
+	14 利兹饭店门	Entrée de l'Hôtel Ritz Paris
+	15 巴黎春天百货公司门	Entrée du Grand Magasin Printemps
+	16 和平咖啡馆门	Café de la Paix
+	17 拉普大道 29 号门	29, avenue Rapp – Architecte: Jules-Aimé Lavirotte
+	18 旧国家图书馆门	Porte d'entrée de l'ancienne Bibliothèque Nationale
+	19 新凯旋门	Grand Arche de la Défense
+	20 加尼埃巴黎歌剧院	Opéra Garnier
+	21 艺术车间门	Paris 14e:31, rue Campagne Première - Alexandre Bigot
+	22 公馆门	La porte d'entrée d'un vieux bâtiment parisien

ISBN 978-7-5596-6193-7